電柱マニア

オーム社編
須賀亮行著

この先 ➡

Ohmsha

知られていない魅力がそこにある
ディープな電柱の世界へようこそ

　私が電柱にハマったのは３歳の頃でした。暇さえあれば、自宅の１階の出窓から電柱を眺めていました。電柱の上の方に付いている黒と白が混ざった物体（がいし）が目玉のように見え、電柱が生きものに見え始めたのです。それからは、幼稚園に通う時も上を見ながら歩き、電線の張られている方向を目で追っていました。自転車に乗れるようになると、自転車で電線の行方を追うようになり、上ばかり見ていて転倒した痛い思い出もあります。その頃、電柱の上部の形には色々な種類があることを知りました。

　小学１年生頃から、割りばしを使った電柱模型作りを始めるようになりました。当初は割りばし１本だけでしたが、年齢を重ねるにつれて紙やセロハンテープを使い、リアリティを出すようになりました。模型作りは、自分の好きなタイプの電柱を作れることに面白味がありました。

　そして、中学３年生から電柱の写真撮影や電柱ブログを始め、高校１年生からはHTMLタグを使った本格的なサイトを開設しました。高校２年生からは、がいしをコレクションするようになり、昭和初期の古いものから最近のものまで多数所有しています。また、今もネットで夜な夜な電柱に関する文献を探したり、古文書や電柱が写っている古い絵ハガキなど電柱に関する貴重な資料を買い集めては、棚を増やす日々を送っています。

　よく間違えられるのですが、私は電柱の柱（棒）だけが好みなのではありません。電柱の魅力は、電柱の上部に付けられている設備（変圧器、がいし、腕金など）があってこそです。その中でも特に、がいしが見所です。がいしは、電線を支えることと、電線と電柱を絶縁して電気を安全に運ぶための器具です。

　電柱は、家庭やオフィスなどに電気を送るための大事な役割を担っています。私は電力会社に勤めているわけでも電柱の専門家でもありませんが、電柱を趣味にしているマニアの１人として、普段気に留められることのない電柱の魅力が本書を通して少しでも伝われば嬉しいです。

須賀　亮行

電柱マニア contents

柱の基礎

まだまだ現役　約100年前から立っています
大正12年建柱の日本最古のコンクリート電柱
北海道函館市に現存する高さ10mの四角い形状の電柱。かつて函館は大火が多かったためコンクリートを採用したという。今は工場で柱を作って運搬するが、当時は現地でセメントを流し込んで一から作っていた。柱の基礎部分は石畳のようなもので補強されている。（2016年撮影）

工場萌えならぬ、電柱萌え〜
千葉県木更津市・江川海岸の海中電柱
沖合のアサリ密漁監視所に電気を送るために
建てられた電柱。奥には工場があり、幻想的
な光景が広がってカップルのデートスポット
にもなっている。（2019年撮影）

昔にタイムスリップ！
栃木県日光市・足尾銅山跡地の門型電柱。足尾銅山の電線路の出発点。　足尾銅山は電気が普及して間もない頃から電気を必要としていたため、自家用発電所として、明治23年に水力発電所が建設された。昭和初期から30年代にかけて普及した貴重な電柱が現存している。（2016年撮影）

電柱の歴史を
知る

The Street of Kyobashi.
Tokyo, Japan.

（京東）り通橋京

電柱の始まり

　電柱には電力会社が家庭やオフィス、工場などに電気を送る（配電する）ために設置する「電柱（正式には電力柱）」と、通信会社が電話線や光ケーブルを届けるために設置する「電信柱」、そして電力会社の電線類と、通信会社の電話線類を一緒に支持する「共用柱」があります。　※本書で取り上げるのは、電力柱です。

　日本初の電柱は、明治2年に建てられた東京－横浜間の電信柱と言われています。電気よりも電話の普及の方が早く、明治20年代には電信柱の普及が始まっ

ていたようです。

　一方、電力柱は、明治20年に東京電燈が配電電圧210Vの電灯線を東京・日本橋付近の日本郵船－東京中央郵便局間に架けたことが初とされています。

　当初の電柱は木が使われており、今のような鉄筋コンクリート柱が作られ始めたのは大正12年頃です。当時、電線の本数が多い市街地以外で鉄筋コンクリート製の電柱が建てられることはあまりなかったようです。柱の種類には木柱、コンクリート柱、鉄柱、組み立て鋼板柱（パンザーマスト）、鋼管柱があります。

　明治22年以降になると、東京電燈に続いて次々と電力会社が設立されました。電圧が高圧3,300V、低圧動力200V、低圧電灯100Vになったのは大正３年のことです。

　電柱の上部設備は、電気が普及し始めた明治期、戦前と戦後を境に大きく変わりました。電気が普及し始めた明治期は、電線の本数が極端に多くなっていましたが、昭和初期になると、電線の本数が整理されていきました。また、昼と夜で使われる電気を使い分けるため、昼間線、夜間線の2つの電線路で分かれていた時代もありました。これは昼と夜で電気料金に差があったことによるもので、精算するのに不便だったため、そのようにしていたようです。昭和30年代に入ると、電柱上部の形は、ほぼ現代

大正時代の東京・京橋通り（写真左手に電力用と思しき電柱が立っている）
出典：東京電力ホールディングス㈱電気の史料館

の形に近くなり、電線の本数もより整理され、街中や団地では、徐々に現代のものと同じ鉄筋コンクリート製の電柱が増え始めました。

　共用柱については、もともと電力会社の電線と、通信会社の電話線類は別々の柱で支持されていたので、区別するために共用柱と呼んでいますが、現在この用語はあまり使われていません。共用柱が使われるようになったのは昭和24年からです（４月18日の経済安定本部公示第２号による）。以降、高度経済成長期にかけて製造された鉄筋コンクリート柱は、製造年を示す部分に「新共架」と記載されているものが多く見られます。

ノスタルジックな木製電柱

木の電柱は「木柱」と呼ばれます。使用する木材は杉、ひのき、ひば、くり、とど松、えぞ松などで、杉がもっとも多く使われていましたが、北海道は、とど松、えぞ松が主流でした。地域ごとに採取できる木の種類が異なることから違いがあったようです。

木柱に使われる防腐剤については、クレオソート、マレニット、たんぱん（硫酸銅）などがありました。現存する木柱でよく見かけるクレオソートを使用したものは、黒ずんでいるのが特徴です。この手の防腐剤は、寿命を長引かせることには適していたものの、臭気を帯びたり、色が黒ずんだりしていることから、街中では目立ち過ぎて景観を損ねたり、電柱に上って作業をする時に作業着が汚れるなどのデメリットがありました。たんぱんは、緑色をしているのが特徴です。現在見かけることはほとんどなく、私は埼玉県秩父市の日窒鉱山で1度見たきりです。

明治20年から昭和30年代にかけては、電柱に電線を張るために取り付けられる棒にも木が使われていました。この横棒のことを「腕木」と呼びます（現在は、金属が用いられているので「腕金」といいます）。

腕木の木柱

防腐剤の違い

Ⓐクレオソート注入柱
防腐剤の効果としては耐久性が一番高かったが、色が黒ずんでいて目立つため、市街地での使用には適していない

Ⓑマレニット注入柱
防腐剤は黄色だが、黄色みは消えて、ほぼ元の木の色合いをしている

Ⓒたんばん注入柱
水に溶かした硫酸銅を注入しているため緑色に見える。寿命が短く、注入コストも掛かるので普及しなかった

歴史のロマン漂う木柱
日本初の本格的な器械製糸場、群馬県富岡市・富岡製糸場にある2本立ての木柱。ここでは、複数ある建物へ向けて電気を中継する基幹の構内用配電線路を支持している。(2016年撮影)

通信ねじ切り
がいしカップ

通信用のハエタタキ木柱
静岡県富士市の富士駅と山梨県甲府市の甲府駅を結ぶJR身延線・芦川駅前で発見した、がいしの
数が半端ない通称"ハエタタキ"電信柱。（2019年撮影）

水田の中に残された木柱
水田内にあるので、コンクリート柱に更新できないものと思われる。

継柱された木柱
木柱の上にさらに木柱を継ぎ足して、木柱全体を高くしたもの。

背高ノッポの木柱
全長の6分の1以上が地中に埋まっているので、実際はもっと長い。18m級の超ロング木柱もある。

関東には昭和中期頃の木柱が今も残っているエリアがあります。東京電力管内の木柱は、特に神奈川県内に多いです。

下の写真は、神奈川県箱根町にある所有者不明の電柱です。通常、腕木（金）に張られた電線は、横に水平に並んでいることが多いですが、こちらは相当古いようで、三角配列で電線を支持できる設計になっています。また、腕木（ここでは角材、アングル材）をはめ込み、釘で固定できるようにするため、しっかり溝も掘ってあります。他にもこのエリアでは、珍しい四角いコンクリート製の電柱も見かけるので、古くから何らかの電気設備があったのだと思います。

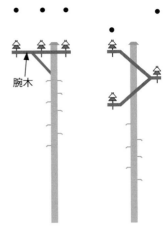

腕木

左：一般的な（水平）配列
右：三角配列

溝

箱根町の三角配列支持の木柱

電柱の基礎知識を学ぶ

全国の電柱の数

　全国には約3,592万本の電柱が立っています（平成30年度末時点）。

　日本に電柱が多い理由は、高度経済成長期に電力需要が急増したことと、地中に埋めるよりも外に柱を建てて電線を張った方が安上がりだったからです。

　平成28年に防災や景観美化などの観点から無電柱化の推進に関する法律が成立し、特に東京都内では、主要な都道や国道、駅前や観光地などが無電柱化されてきています。しかし、コストの問題や無電柱化工事の際に近隣住民に不便を強いることになるなどの理由から、なかなか進んでいません。

　自分専用の電柱が持てるかどうかについて、実は一度、電力会社に相談をしたことがありますが、残念ながら、個人宅専用の電柱を設置することはとても不経済で、電気をたくさん使う家でないと難しいとのことでした。しかし実際に、音質向上のために自宅の敷地内に電柱を建てたオーディオマニアもいます。

　私はいずれ自宅の庭に電柱を建てて、それと同時に、これまで収集してきた数々のコレクションを展示できる電柱博物館をつくりたいと思っています。

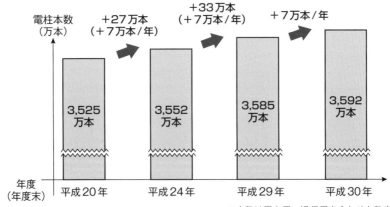

電柱本数の推移

電柱本数
（万本）

　+27万本
（+7万本/年）

+33万本
（+7万本/年）

+7万本/年

3,525
万本

3,552
万本

3,585
万本

3,592
万本

年度
（年度末）　平成20年　　　平成24年　　　　平成29年　　　平成30年

＊本数は電力用・通信用を合わせた数字

　出典：国土交通省：令和2年度 第1回 無電柱化推進のあり方検討委員会配付資料「無電柱化の推進に関する取組状況」令和2年6月

電柱ができるまで

＜製造＞

　コンクリート製の電柱は、鉄筋で筒状のかご形を作り、それを型枠に入れてコンクリートを流し込んで作られます。内側は空洞で、所定のコンクリート強度が出るまで１〜２週間程保管されたのち出荷されます。寿命は40年くらいと言われています。電柱の標準的な長さは10、12、14、16mです。

製造工場

曲げ性能試験

❶ 骨材搬入

ダンプトラックで砂と砂利を骨材置き場に搬入します。

❷ セメント搬入

タンクローリー車でセメントを搬入しサイロに保管します。砂、砂利とともに計量されプラントに送られコンクリートが作られます。

❸ 鉄筋切断

コイル状で搬入された鉄筋（主筋）を直線加工し、所定の長さに切り揃えます。

❹ スパイラル筋自動編組

スパイラル筋を自動的に所定の形状に編み上げます。

❺ 型枠整型

主筋、スパイラル筋を型枠内にセットし2つ割り型枠をボルトで締め整型します。

❻ PC鋼線の緊張

型枠をアンカーにしてPC鋼線を引っ張ります。

❼ コンクリート注入

整型と緊張工程が終わった型枠の中にコンクリートを注入します。

❽ 遠心締め固め

コンクリートを注入した型枠を遠心機に載せ最大30Gという加速度を加えコンクリートを締め固めます。

❾ 蒸気養生

型枠ごと養生ピットに入れ80℃前後の温度で蒸気養生します。脱型に差し障りない強度を確保します。

❿ 脱型

蒸気養生が終わったあと型枠のボルトをはずし、製品を取り出します。型枠をはずすことによって、PC鋼線の緊張が解かれ、ここでコンクリートに圧縮力が導入されます。

⓫ 気中養生およびストック

脱型した製品は所定強度が出るまで製品置き場で保管され出荷を待ちます。

出典：日本コンクリート工業（株）

＜建柱＞

　電柱を建てる際に用いられるのが、穴掘建柱車（ポールセッター）と呼ばれる特殊車両です。まずは、電柱を建てる場所の舗装を破砕し穴を掘ります。そして、工場から運搬車で運んできた電柱をポールセッターで吊り上げ、掘削した穴に電柱の下の部分（全長の６分の１以上）を差し込みます。電柱を建てたら埋め戻しを行い、その後に電線を架線して電気を送ります。

　１本の電柱を建てるまでに掛かる時間は半日程度です。

建て入れ孔の掘削

電柱の吊り上げおよび建て入れ　　　建柱位置の再確認

建て入れ位置の埋め戻しおよび転圧

出典：(株)さいでん

電気が届くまで

　電気は、まず山奥のダムのそばにある水力発電所や海沿いなどに建てられた火力発電所などで発電されます。その後、高い電圧の送電用鉄塔に架かった電線（送電線）を通り、途中いくつかの変電所を通って、市街地にある配電用変電所へ向かいます。そして、そこから電柱（柱上変圧器などの設備）を通って、家庭やオフィス、工場などの需要地へ送り届けられます。

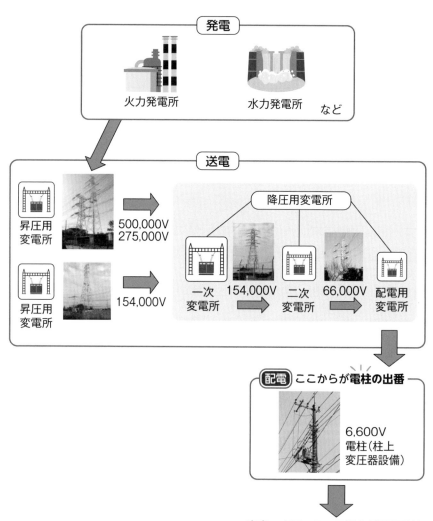

大きな電気が流れる電線を支える送電鉄塔

電柱の役割

電柱に架かっている電線には6,600Vという高い電圧の電気が流れているため、家庭でそのまま使うことはできません（家電製品は100〜200V程度です）。そのため、需要地の中心地あたりに変圧器を載せた電柱を設置し、電柱の上部に取り付けられた変圧器で大きな電圧を小さな電圧に下げています。

■ 電柱の構造

電柱には、配電線、架空地線、接地線、腕金、柱上変圧器、開閉器、がいし、避雷器などの機器が取り付けられています。

電線は電気の通り道です。配電用の電線には「架空配電線」と「地中配電線」があり、電柱に電線を張ったものが架空配電線です。

電線の一番上の方に張られているのが架空地線で、このワイヤーには電気は通っていません。雷をこのワイヤーに落ちやすくするため（直撃雷防止）に張られていますが、近年、雷に耐えられる仕様の開閉器や変圧器が登場していることから架空地線を張らない地域もあります（高いビルが多い東京都心などでは、もともと張っていません）。

架空地線の下にあるのが6,600V電圧の高圧配電線です。大きな工場や病院では、そのまま6,600V電圧の電気を引き込んで建物内に変圧器などを設置し、使えるようにするところもあります。高圧配電線の下にあるのが200Vの低圧動力線で、主に自動車修理店など小さな工場で使われています。さらにその下を通るのが、一般家庭向けに張られた200Vと100Vの両方を使えるようにした低圧電灯線です。家庭用なのに工場で使われる200Vがあるのは、近年、家庭でも200Vで使用するIHクッキングヒータなどが普及したためです。

そして、右ページ写真の中央下の大きなドラム缶のようなものが柱上変圧器です。変圧器は、高電圧の電気を家庭用の低い電圧に変換するためのものです。高圧配電線から変圧器につながる線を高圧引き下げ線といい、変圧器の保護をするのが高圧カットアウトです。

避雷器は、雷が落ちた際に加わった過電圧を逃す仕組みを持っています。別名、アレスタとも呼ばれます。がいしは、電線から地面に電気が漏れないようにするためにあり、開閉器は電気の通り道を入り切り（ON-OFF）するためにあります。

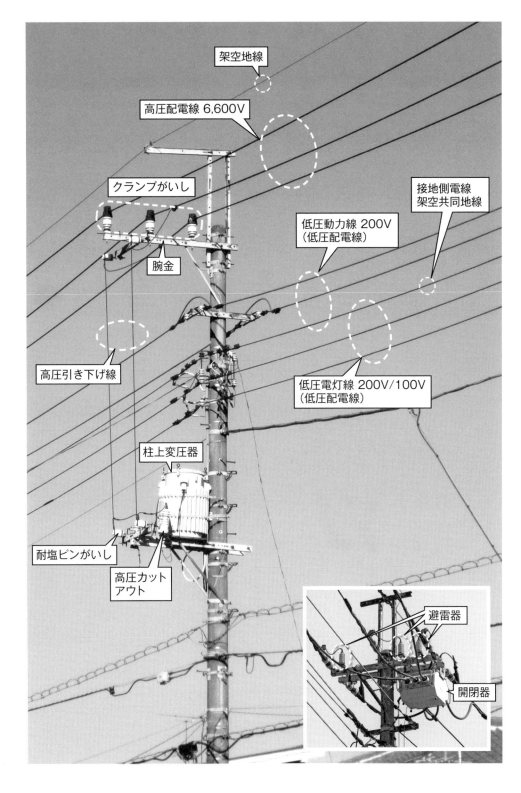

架空地線

高圧配電線 6,600V

クランプがいし

接地側電線
架空共同地線

低圧動力線 200V
（低圧配電線）

腕金

高圧引き下げ線

低圧電灯線 200V/100V
（低圧配電線）

柱上変圧器

耐塩ピンがいし

高圧カット
アウト

避雷器

開閉器

電柱の主な機器・部材

※ここでは基本の形を紹介しています

鉄筋コンクリート柱

空中に張った電線類を支える棒のこと。一般的に上の方は下より細くなっている。

腕金

電線を支持するがいしなどを取り付けるために柱に固定する金属の部材。

高圧配電線

配電用変電所からつながっている高い電圧（6,600V）の線。

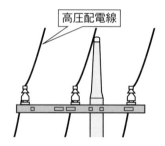

高圧配電線

低圧配電線

高圧配電線路から受けた電気を変圧器で100V・200Vに落とした電圧の線。

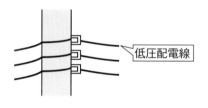

低圧配電線

接地線（アース線）

配電線や変圧器から漏電した際、漏れた電気を地面に逃がすための線。

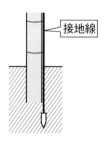

接地線

避雷器

雷などの異常電圧から機器を保護するもの。

柱上開閉器

電気の通り道（電線路）を開閉（ON-OFF）するもの。

架空地線

雷が配電線に直撃するのを防止するための線。

架空地線 (グランドワイヤー) キャップ

架空地線を支持するために取り付けられるキャップ状の部材。

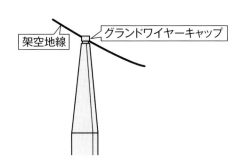

架空地線　グランドワイヤーキャップ

がいし

電線と電柱を絶縁するもの。

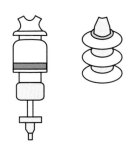

高圧ピンがいし

金属の棒の上に傘状の絶縁体磁器をかぶせた(セメントで固定)形状の絶縁体。

柱上変圧器

高い電圧(6,600V)の電気を100・200Vの低い電圧に変えるもの。

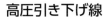

高圧引き下げ線

高圧配電線からがいしを伝って変圧器につながる線のこと。

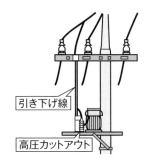

引き下げ線

高圧カットアウト

高圧カットアウト

変圧器の保護用ヒューズと開閉器を合わせたもの。

▌本柱と支柱（支線）

　電柱が、張られている電線に引っ張られて傾かないように、柱を支える支柱や支線が使用されることがあります。

　支線が張られるのは、電線の分岐やカーブ箇所、電線の引き留め箇所です。本柱と支柱の材質の組み合わせについては、本柱がコンクリート製でも、支柱だけ木製や鋼管製を使う場合もあります。

支柱

支線

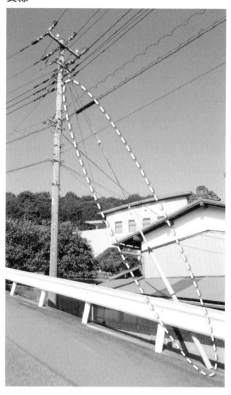

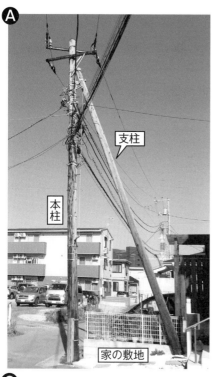

Ⓐ本柱と支柱、どちらも木製
　家の敷地内に支柱が立っている

Ⓑコンクリート本柱に対して、コンクリート支柱が3本もある！

Ⓒ支柱があるのに支線もあるのは珍しい

支柱

本柱

直立の支柱
斜めに立て掛けている支柱が多いなか、どちらが支柱か一瞬迷うほど真っすぐに建てられている。

電柱の知識を
深める

注）電柱の設備については、電力会社によって仕様が異なります。本書に記載している
事柄は著者が調べた範囲内のものであり、関東地方を中心に紹介しています。

電柱の柱上設備

■ 配電線

　配電線の起点は配電用変電所（「電気が届くまで」のページを参照）で、電柱に最初に張られるのが高圧配電線（6,600V）です。配電線は「高圧配電線」、「低圧配電線」に大別されます。中には例外として、22,000Vの特別高圧線を架ける電柱もあります。高圧配電線は、通常は電線が3本1組ですが、2本1組になっている箇所もあります。3本の電線を使って電気を送る「三相交流」が主力で、2本の電線を使って電気を送る「単相交流」は家がたくさんある住宅街でたまに見かける程度です。

　そして、低圧配電線には、小さな工場向けの三相3線式の200Vの「低圧動力線」と、一般家庭向けの単相3線式の200Vと100Vが両方使用できる「低圧電灯線」の2種類があります。低圧電灯線については、昔は100Vだけしか使用できない単相2線式が主流でした。

高圧配電線

左：基本の3本1組　右：2本1組　（どちらもこれを「1回線」と呼ぶ）

低圧配電線

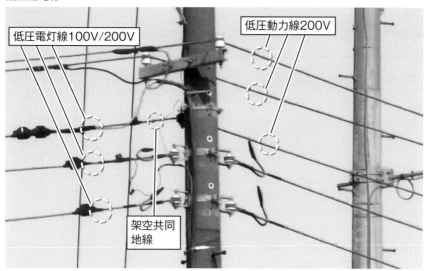

低圧電灯線100V/200V

低圧動力線200V

架空共同
地線

低圧動力線と低圧電灯線、両方を支持している電柱

低圧電灯線

低圧電灯
線の立ち
上がり線

変圧器1台で低圧電灯線を取り出しているもの

低圧動力線

低圧動力
線の立ち
上がり線

変圧器2台で低圧動力線を取り出しているもの

一高圧配電線の張り方

通常、1つの腕金に、3本で1回線の高圧配電線が張られますが、高圧配電線の起点箇所では、電線が2回線張られたものがあります（2回線は電線が6本）。

2回線のうちの上段の1回線は遠方へ配電するためのもので、下段の1回線は、近場で配電するためのものです。

2回線

1回線が基本ですが、工場の構内用配電線や、1つのがいしで2本ずつ電線を支持できる特殊な高圧がいしを持つ中国電力管内では3回線以上あるものもあります。

3回線
下の2枚の写真は、工場が独自で施設した構内用の配電線。

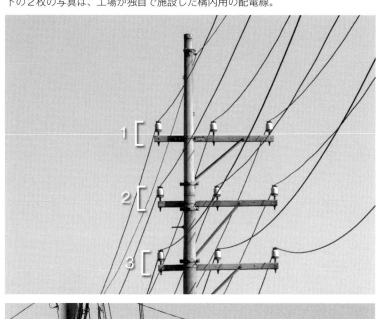

電線路

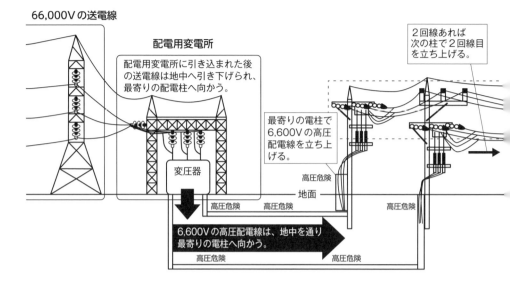

66,000Vの送電線

配電用変電所

配電用変電所に引き込まれた後の送電線は地中へ引き下げられ、最寄りの配電柱へ向かう。

変圧器

最寄りの電柱で6,600Vの高圧配電線を立ち上げる。

2回線あれば次の柱で2回線目を立ち上げる。

高圧危険

地面

高圧危険　高圧危険

6,600Vの高圧配電線は、地中を通り最寄りの電柱へ向かう。

高圧危険　　　　　　　高圧危険

高圧危険

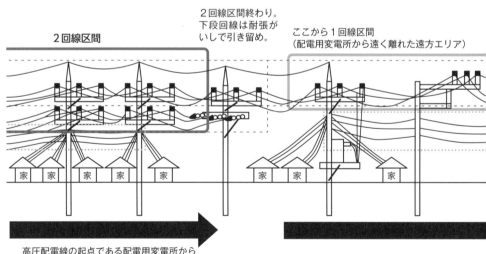

2回線区間

2回線区間終わり。下段回線は耐張がいしで引き留め。

ここから1回線区間（配電用変電所から遠く離れた遠方エリア）

家　家　家　家　家　　　　家　家　　　　家

高圧配電線の起点である配電用変電所から4〜5km進んだ先で下の1回線は終点（2回線区間終わり）。この先はすでに張られている、上の1回線が活躍。

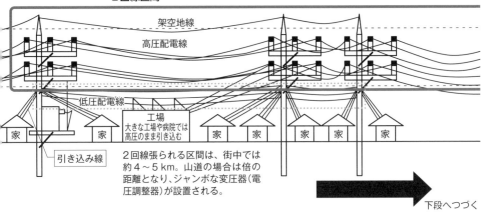

┌┄┄┄┄┄┄┄┐ 高圧配電線

└┄┄┄┄┄┄┄┘ 低圧配電線

2回線区間

架空地線

高圧配電線

低圧配電線

工場
大きな工場や病院では
高圧のまま引き込む

家 家 家 家 家 家 家

引き込み線

2回線張られる区間は、街中では
約4〜5km。山道の場合は倍の
距離となり、ジャンボな変圧器(電
圧調整器)が設置される。

下段へつづく

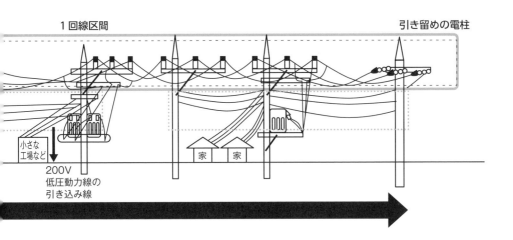

1回線区間

引き留めの電柱

家 家

小さな
工場など

200V
低圧動力線の
引き込み線

一張り方のバリエーション
電線を立ち上げているもの

工場や家庭に配電するために高電圧の電線を
立ち上げ※ている

※電線を垂直に上に向けて敷設すること

Ⓐ 2回線の下段の1回線を立ち上げ

Ⓑ 2回線の上段の1回線を立ち上げ

Ⓒ 1回線の立ち上げ

その他

カーブしているもの

腕金で電線の進路を変更して
いるもの

五叉路

電線の本数が多いもの

一電線のつなぎ目（両引き留め）

電線は、建物を避ける際にカーブが発生するため、直線で延々と張り続けることができません。そのため電線には橋の継ぎ目のように、つなぎ目があります。このつなぎ目は、電線の両引き留め、分岐箇所だけでなく、電線の途中にスイッチ（開閉器）を取り付ける場合にも使われます。

1回線の両引き留め

2回線の両引き留め

開閉器を取り付けた時の両引き留め

（1）一般的な引き留め

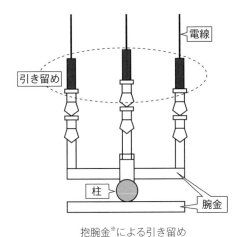

抱腕金※による引き留め

※ 抱腕金…腕金を2本取り付けたもの

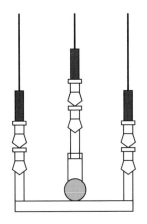

単一腕金による引き留め

電線の起点箇所で適用されている引き留め

電線の終点箇所で適用されている引き留め

（2）中央のみ引き留め

　高圧配電線は通常３本とも引き留めることが多いですが、中には３本中、中央の電線だけ引き留めるものもあります。

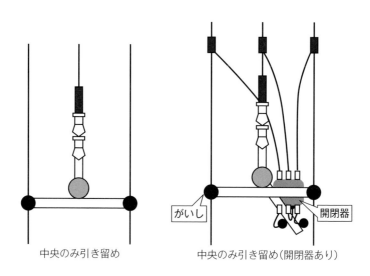

中央のみ引き留め　　　　　　中央のみ引き留め（開閉器あり）

３本中、中央の１本だけ引き留めている

（3）両引き留め

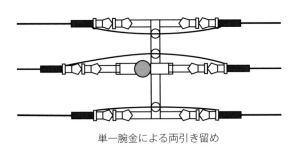

単一腕金による両引き留め

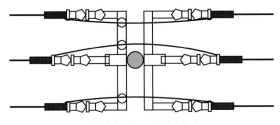

抱腕金による両引き留め

両サイドからの引き留め

（4）中央のみ両引き留め

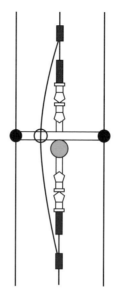

中央のみ両引き留め

中央のみ引き留めだったものを、後から両引き留めに変更した?!

（5）振り分け引き留め

単一腕金

抱腕金

単一腕金

抱腕金

電線を振り分けて引き留めている　左：高圧配電線3本　右：高圧配電線2本

（6）分岐

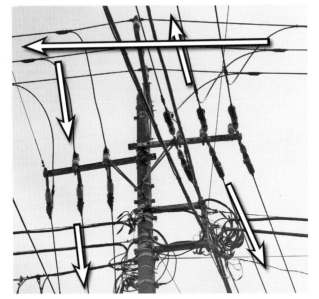

電線の交差点(交差しながらの分岐)で、左側にも追加で分岐を
行っている

右側からの高圧配電線を４方向へ振り分けている

■ジャンパー線

　配電線は永遠に張ることはできないため、前の電線から次の電線へつなぐ接続線があります。それがジャンパー線という波形になっている線です。これは高圧配電線、低圧配電線のどちらにも付いています。

高圧配電線のジャンパー線

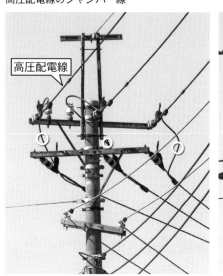

低圧配電線のジャンパー線

左：動力線2本　右：電灯線3本

─電線の引き通し

　引き通しは電線の直線箇所で適用されています。種類については、電線を柱のやや中央に寄せたものと、すべての電線を片側へ寄せたものがあります。すべて片側へ寄せたものは「やり出し」とも言います。

やや中央寄り

片側寄りのやり出し

一鉄道や川の横断

　一部の電力会社では、電線の鉄道の横断を原則禁止しているようですが、やむを得ず行わなければならない場合、鉄道横断する両側の電柱において電線の両引き留めをすることになりますが、電線が切れて落ちて来たりしないように、ワイヤーなどを使って引き留め部分を強固に固定しています。

　鉄道横断を禁じていない電力管内では、特殊なワイヤー状のものを使い、落ちないように留めています。

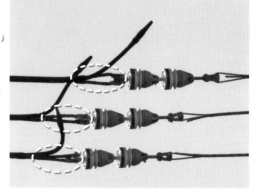

ワイヤーを使った空中引き留め

Dアーム

耐塩皿がいしや避雷器など旧式のパーツが揃っている。

■腕金（アーム）

　腕金は、電線を支える金属製のパーツで、電線を支えるがいしを取り付けるために使われます。１本棒のほかに、ＤアームやＦアームといったアルファベットのような形をしたものがあります。※140ページでも紹介しています

（１）Ｄアーム（Ｄ型腕金）

　Ｄアームは、高圧配電線類を建物から引き離すために縦に配列する場合や、親水公園脇など周辺環境への美化対策としても使われます。

　中部電力管内では、従来から使われている角型と、比較的最近普及し始めたパイプアーム仕様の２つがあります。角型は、電線を支える部分に傾斜があるのが特徴です。中には傾斜がないものも実在しますが、稀です。パイプアームは小、普通の２種類があります。

　また、東京電力管内では、小、普通、大、特大サイズの４種類が普及しています。サイズの違いは、腕金の横の幅の長さです。

Ｄアーム（角型）

傾斜がある基本形

傾斜がない旧型のもの

（左右：中部電力管内）

Dアーム

小サイズ

普通サイズ

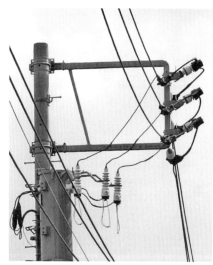

大サイズ

特大サイズ

（4つとも東京電力管内）

上下配置

左右配置　　　　　　　　　（左右：中部電力管内）

Dアーム（パイプ）

小サイズ

普通サイズ　　　　　　　　（左右：中部電力管内）

Fアーム

初代のFアーム。2回線支持で変圧器が2台。架空地線の支持は旧式の腕金。

（2）Fアーム（F型腕金）

　Fアームはお Dアーム同様、電線類を建物から離さなくてはならない場所で使われます。

　種類はこれまでに約3種類登場しており、第1世代（初代）、第2世代、第3世代と続きます。

　初代は昭和40年前後に東京のオフィスビル街に登場し、第2世代は神奈川県や東京都内（大田区と品川区の一部地域）を中心に普及しました。第2世代までは現場で部材を組み合わせてFの形を作っていましたが、第3世代（昭和55年頃）からは、前もってFの形に作られたアームを取り付けたものが登場しました。第3世代は大きく分けて、高圧配電線と低圧配電線の両方を支持できるものと、支持できないものの2種類があります。

初代
東京都、栃木県、山梨県、千葉県で普及。

第2世代
神奈川県に多い仕様。幅が狭いのが特徴。

第3世代のFアームは自由自在に形を変化することができ、縦型配列の電線類を支持することも可能です。ただし、これは滅多に見かけることはありません。

高圧配電線

低圧配電線

第3世代
高圧配電線と低圧配電線の両方を支持するもの

高圧配電線

第3世代
高圧配電線だけ支持するもの

縦型

第3世代
Fアームでレアな縦型配列

（3つとも東京電力管内）

離隔腕金

第3世代の新型Fアームとして、「離隔腕金」というものが登場しています。ただし、これはFの形はしていないので、別種類と言えるかもしれません。

離隔腕金には初期型と2代目仕様があり、初期型は離隔腕金専用のDアームと水平の腕金を組み合わせたもので、2代目はDアームと水平の腕金が最初から合体しているものです。

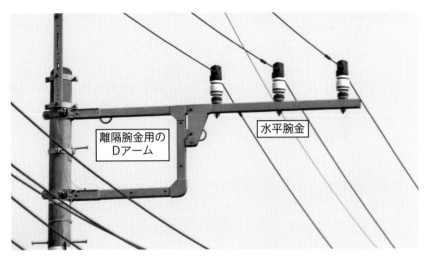

初期型

2代目 （上下：東京電力管内）

Cアーム

２回線支持で、上が角型、下が半円型。ここでは、架空地線を支持する腕金には湾曲したものが
使われている。

（3）Cアーム（C型腕金）

　Cアームは、主に地方で普及しています。

　種類は大きく分けて角型と半円型の2つがあり、腕金の横の長さが、短め、普通、特大の3つのサイズがあります。腕金を使わず電柱に直接Cアームを取り付けたものもあります。中部電力管内では、角型のCアームがもっともよく見かけるタイプです。半円型は、電線を三角配列したものと逆三角配列にしたものの2種類があります。

Cアーム（角型）

短めサイズ

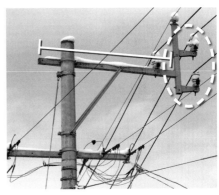

普通サイズ

特大サイズ

（3つとも中部電力管内）

Cアーム（半円型）

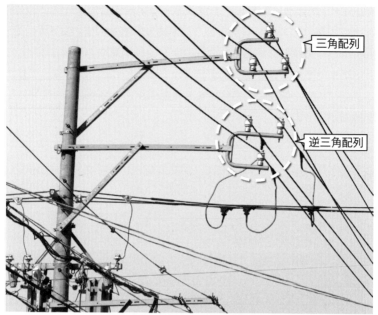

上がよく見かける三角配列で、下が珍しい逆三角配列

逆三角配列　　　　　　　　　　　　　　　　（上下：中部電力管内）

水平仕様の腕金とDアームのミックスタイプ。

（4）ミックスアーム

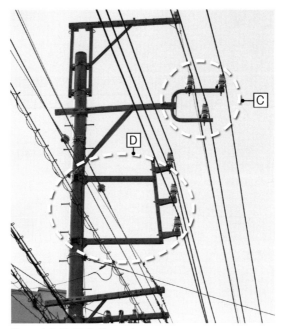

Cアームとその下にDアーム

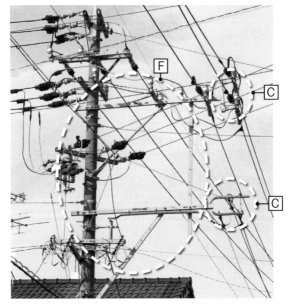

CアームとFアームが合体したもの

（上下：中部電力管内）

（5）その他

河川横断のため、送電線で使われる懸垂がいしを使用しているH型
をしたアーム　　　　　　　　　　　　　　　　　　（北陸電力管内）

四角形のアーム（アームを組み合わせたオリジナル?!）
　　　　　　　　　　　　　　　　　　　　　　　（東京電力管内）

鳥居型腕金

架空地線の支持および分岐をする鳥居型

■ 架空地線と鳥居型腕金

電線の一番上に電気が流れていないワイヤー状の架空の線を張り、そこに雷が落ちるように設計したのが架空地線です。

がいしや変圧器の耐雷性の向上などにより、近年使われないことが多くなりましたが、一部地域では、まだ使われています。現在では、避雷針代わりにコンクリートの柱の最上部に高圧用腕金を支えるアームタイや腕金を取り付けることが主流のようです。

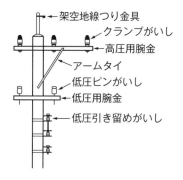

架空地線の支持には、腕金もしくは架空地線（グランドワイヤー）キャップを使用し、ボルトで留められた架空地線吊り金具によって架空地線を固定します。腕金で架空地線を支える場合は、鳥居のような形をした腕金、もしくは棒状の腕金（2本または1本）を用います。どちらを使うかは用途によります。例えば、鳥居型は、架空地線の引き留め・分岐箇所で使い、鳥居には見えない鳥居型ならずの腕金は架空地線がカーブするような箇所、1本の腕金型は架空地線の直

鳥居型腕金

鳥居型　（左）1,500mm　（右）1,800mm

線箇所で使用します。

　鳥居型などの腕金の長さ（高さ）は、大きくわけて1,500mmと1,800mmの２種類があります。これは地域ごとに長さが違っており、例えば関東では、東京都や千葉県、埼玉県、群馬県は1,500mmが多いですが、山梨県では長い1,800mmをよく見かけます。

　棒状の腕金の取り付け位置には、内寄せ、通常、外寄せの３種類があります。

鳥居型腕金の変形バージョン

鳥居の上の部分が突き出た鳥居型1,500mm

一番上の腕金が横に長くなっている、変形した鳥居型1,500mm

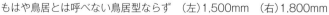

もはや鳥居とは呼べない鳥居型ならず　（左）1,500mm　（右）1,800mm

棒状腕金（1本棒）

棒状腕金

２本棒（直角型）

３本の高圧配電線が写真のようにすべて片側へ寄っている場合、架空地線の効果を上げるため、配電線に合わせて架空地線も寄せることがある。

１本棒

東京都内では、高圧配電線が片側に寄っていても架空地線は寄せていないことが多い。東京は雷が少なかったり、背の高い建物が多いためだろうか?!

架空地線なしで１本の腕金を柱の最上部に取り付けている最近のもの。高圧配電線をすべて片側へ寄せているが、腕金は１本。

─初期の架空地線（グランドワイヤー）キャップ

前ページの腕金に代わって登場したのが架空地線キャップです。このキャップは、電柱の最上部に被せるだけで架空地線を張ることができます。なお、登場当時、キャップの長さを変えることで、落雷に対してどの程度効果があるのか、いろいろ試験をしていたようです。

短いキャップ
東京都大田区東雪谷地区で多く見かける

長いキャップ
東京都世田谷区で多く見かける

─半ボルト架空地線キャップ

前述したキャップの次に登場したのが、半ボルト※なしの架空地線キャップで、昭和50年代に使われていたと推測されます。

そして、半ボルトなしの次世代版として登場したのが、半ボルトありのキャップです。

※半ボルトは、架空地線キャップに腕金を取り付ける際に使われるアームタイを支えるバンドのずり落ち防止

半ボルトありで腕金を取り付けたもの

半ボルトなしで腕金を取り付けたもの

▌変圧器

　変圧器は、高圧の電気を家庭で使いやすく小さくする装置です。電柱の上に取り付けられることから「柱上変圧器」と呼ばれています。

　変圧器の中にはコイルが入っていて、これで電圧を小さくしています。容量は5～100kVAまであります。5kVAは道路の街灯（1本分）、50kVAは住宅街、大容量の100kVAは商店街などで活躍しており、容量ごとに変圧器の大きさも異なります。

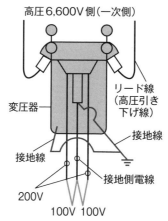

単相3線式の電灯線（100V/200V）
を取り出した例

変圧器の基本形　左：旧式　右：現在

（左右：東京電力管内）

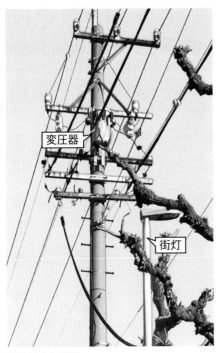

5kVAの変圧器
街灯1本分の電源を取り出している。
（中部電力管内）

ジャンボな電圧調整用の変圧器
変電所から需要地まで距離が長いと電圧が
下がってしまうため、それを防ぐために使
用される。郊外でよく見かける。
（東京電力管内）

マンション用に特別に用意された大容量の変圧器
通常、マンションには、高い電圧のまま電気を引き込み、建物内部に用意された高圧受電設
備の中にある変圧器で家庭で使いやすい電圧に変換する。　　　（東京電力管内）

現在はドラム缶の形をしたものが主流ですが、昭和初期から中期までは、背面が少し突き出た四角形の変圧器が普及していました。今の外箱の色はグレー色ですが、かつては黒塗仕様がありました。

　主に家庭用では１個（単相３線式200Vおよび100Vの使用が可）、小さな工場で使うモータや団地の給水塔のポンプ用では、２個（三相３線式200V）使われます。

正面

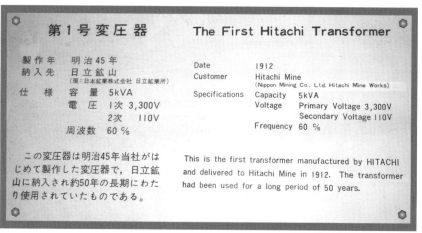

茨城県日立市・日立鉱山で使われていた初代の黒塗り仕様の第１号変圧器（明治45年製造）

出典：中部電力（株）　でんきの科学館

一容量いろいろ変圧器の数字

容量7$\frac{1}{2}$と表記されているのは容量7.5kVAのこと

一変圧器の取り付け方法

　変圧器の取り付け方には様々な方法があります。代表的なものとしては、土台を用いて取り付けるもの、ハンガーというパーツを使って変圧器を吊り下げて固定するもの（ハンガー装柱）、土台を使わないものです。

　ハンガー装柱は、東京電力管内では昭和35年から40年頃に普及していましたが（主に道路の街灯を直接電柱に取り付ける場合や都電の電線を避ける場合、変圧器を低圧配電線より上に取り付ける場合に使用）、現在は廃止されています。しかし、中部電力管内では現在も活躍中です。

土台あり

土台が付いた丸型変台装柱

ハンガー装柱

土台なし

一数と配置のバリエーション

変圧器1台

変圧器2台

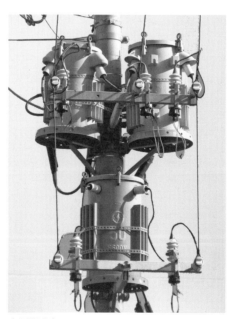

変圧器3台

レアな変圧器4台（1本の電柱に取り付けられるのは4台まで）

密集（サービストランス）

近距離左右1台ずつ

少し離れた左右1台ずつ

ハンガー装柱で3台横一列

▌引き込み線

　引き込み線とは、電力会社の配電線から需要家の建物に電気を届ける（引き込む）ために張られる電線のことです。種類は、「高圧引き込み線」と「低圧引き込み線」があります。高圧引き込み線は、大きなマンションや病院、工場、もしくはコンビニなどで需要家内の高圧受電設備に設置されている変圧器などを介して、使える電圧に落とされます。

　低圧引き込み線は、一般家庭では、単相3線式の低圧電灯線で引き込むことがほとんどですが、昔の平屋建てなどでは、いまだに単相2線式の低圧電灯線（100Vしか使用できないもの）で引き込んでいる場合もあります。三相3線式の200Vを使用する小規模工場では、三相3線式200Vの低圧動力線と一般家庭で使われる単相3線式の低圧電灯線を一緒に引き込むこともあります。

　主な引き込み方法として、架空電線路のまま引き込む場合と、地中線路を伝って引き込む場合（高圧のみ）があります。

引き込み線

高圧引き込み線の基本の形（架空電線路のまま引き込み）

引き込み線には責任分界点というものがあり、電力会社が管理する設備（電気を送る側）と電力需要家の設備（電気を受け取る側）とで管轄が分かれています。東京電力の場合は、黄色いテープのようなもので印が付けられています。

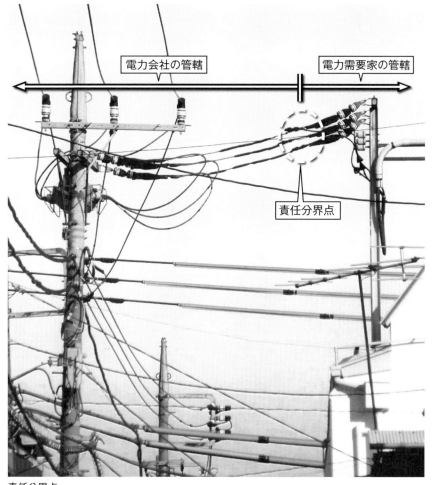

責任分界点
写真左が電力会社が管理する電柱で、右が需要家が管理する設備。責任分界点を超えた右から先は電力会社の管轄外。

左側に高圧引き込み線を分岐するもの、右側に受け取るものがある。

短い高圧引き込み線

架空地線を張った高圧引き込み線
通常、高圧引き込み線には架空地線は張らない。

高圧耐張がいしを使わずに高圧引き込み線を分岐したもの(北海道電力管内では主流)

高圧耐張がいしを使わずに高圧引き込み線を分岐したもの

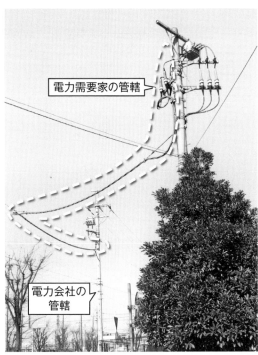

電力会社の電柱でCVTケーブルに変換してから高圧引き込み線を張ったもの
写真の下が電力会社の電柱で、右上が電力需要家の設備。

電力需要家の管轄

電力会社の管轄

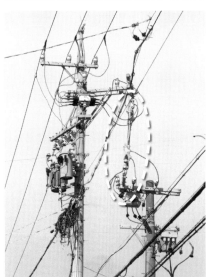

ほぼ90°直角に高圧引き込み線を下げたもの
名古屋市内の空間が狭い場所で多く発見。

開閉器を省略

最近増えている、電力会社の電柱に開閉器を設置せずに高圧引き込み線を分岐したもの

一高圧引き込み線の引き留め設備

　電気は、電柱から引き込み線を使って家庭や工場などの電力需要家に送られます。

　通常、高圧引き込み線のための柱は電柱（鉄筋コンクリート柱）を使いますが、建物の位置や状況によっては、電柱を建てることが難しくなります。その場合は、需要家側が管理する建物の屋上もしくは壁際に腕金などを取り付けて、高圧引き込み線を引き込むことがあります。

屋上に鉄の棒を組み立てて、高圧引き込み線を引き込んだもの

建物の側面に腕金や鉄の棒を取り付けて、高圧引き込み線を引き込んだもの

旧型のケーブルヘッド（屋外
終端箱）昭和40年前後に普及

古い木柱に向けて高圧引き込み線を分岐したもの

■ 高圧カットアウト

高圧カットアウトは、主に変圧器の保護として使われます。中にヒューズが入っていて、ここに過電流が通るとヒューズが溶断して落ちることにより、変圧器を守ります。

東京電力管内の円筒型高圧カットアウト

中部電力管内の箱型(耐雷仕様)高圧カットアウト

海の近くなど塩害を受ける地域では、高圧カットアウトの取り付け金具に耐塩系のがいしを取り付けることがあります。そうすることで、金具の浸食を防いでいるのではないかと推測しています。

　電力会社の高圧配電線から高圧引き込み線を分岐する場合は、基本的に開閉器が使われますが、高圧カットアウトをスイッチ代わりとして使っている例（一時的に電源を必要とする工事現場など）もあります。

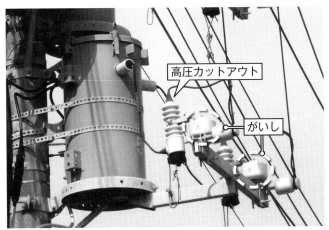

皿型のがいしを高圧カットアウトに取り付けたもの

高圧引き込み線の分岐箇所に高圧カットアウトを使ったもの

▌がいし

　電線を流れる電気が電柱に伝わらないよう、安全のために取り付けられるのが、絶縁体の「がいし」と呼ばれる器具です。がいしの材質は磁器です。電柱で使われるがいしの種類については、高圧がいしと低圧がいしの2つに大別され、東京電力管内を例に挙げると、高圧・低圧合わせて約30種類あります。

代表的ながいし

クランプがいし

高圧ピンがいし　※詳細は100ページで紹介しています

高い電圧のがいしには、高圧危険を示す赤い線が施されていますが、最近は赤い線を消す傾向にあるようです。また、低い電圧を支持するがいしについては、赤い線はありませんが、200Vは茶色（中部電力）、100Vは白色、０Ｖ（架空共同地線用）は緑色や青色という決まりごとがあります。

耐塩ピンがいし

10号中実がいし

―高圧がいしの配置

　がいしの取り付け方や、がいし同士の間隔、使う高圧用腕金を取り付ける位置によって、がいしの組み合わせ（配置）は約50種類あります。ここでは、代表的な配置を紹介します。

（1）がいし2：1配置タイプ

　一番多い基本の形。柱を挟んで、がいしを腕金の上に2：1に並べているものです。

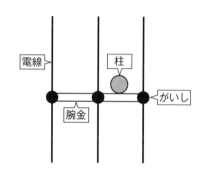

（2）がいし2：1配置＋抱腕金仕様タイプ

　がいしを2：1に配置した腕金を2つずつ取り付けた抱腕金のタイプです。関東では、神奈川県や千葉県、茨城県に多くあり、東京都内では多摩地域で見かけます。東京23区は最近減少傾向にあり、見かけることはほとんどありません。

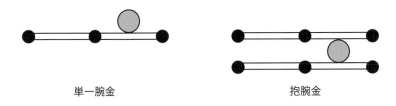

単一腕金　　　　　　　　　　　　抱腕金

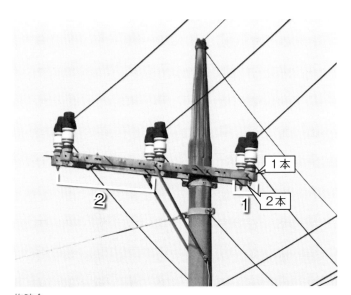

抱腕金

（3）がいし3：0配置タイプ

　こちらも昔からある基本形です。電柱を挟まず、がいしを3：0に配置したもの。高い建物が多い場所や、歩道・路側帯の内側に電柱を建てる際、木が高圧配電線に接近している場所では、すべての高圧配電線を片側へ寄せる必要があるため、このタイプがよく用いられます。

　これらは、やり出し装柱と呼ばれていますが、竹槍を突き出すかのごとく、電線をまとめて電柱の横で支持していることから、そう呼ばれているのではないかと思います。がいしの間隔の大きさには種類があり、小、中、大、幅広の4種類があります。

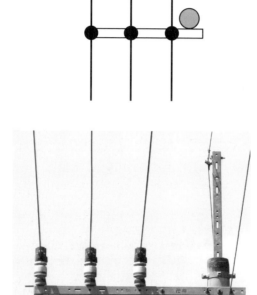

小サイズ

中サイズ

大サイズ

幅広サイズ

（4）がいし3：0配置＋抱腕金仕様タイプ

　がいしを3：0に配置した腕金を2つ取り付けた抱腕金のタイプです。特に、関東では東京都の多摩地域や神奈川県、茨城県で多く見られます。

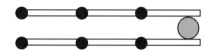

（5）珍しい組み合わせ

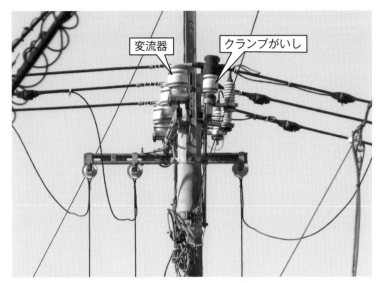

右側がクランプがいしで、左側ががいし型の変流器※というレアな構成
※高圧配電線を流れる大きな電流を、計器に向けて必要な電流に変換している

クランプがいしと中実がいしが混ざった組み合わせ

－高圧ピンがいし

高圧ピンがいしは、変圧器への高圧引き下げ線や高圧配電幹線の立ち上がり、引き下げ地点などで使われます。古くは高圧配電線の直線箇所での電線支持点（引き通し）、高圧配電線の振り分け引き留め箇所、高圧配電線の両引き留め箇所（この2つはジャンパー線支持用として）などで使われていました。

高圧配電線の両引き留め箇所と分岐箇所で使われる高圧ピンがいし

変圧器への高圧引き下げ線支持用として使われる高圧ピンがいし

Ⓐ変圧器への高圧引き下げ線支持用として使われる高圧ピンがいし

Ⓑ高圧配電線の両引き留め箇所と分岐箇所、変圧器への引き下げ箇所で使われる高圧ピンがいし

Ⓒ配電幹線の立ち上げで使われている高圧ピンがいし

―耐塩皿がいし

　昭和35年前後、海からの潮風を受けやすい場所では、お椀の形状をした
耐塩皿がいしが使われていました。これは、中にあるがいしに塩が付かないよ
うにするために取り付けられるもので、海の近くにある電柱に使われます。

　中部電力管内では、多少の仕様が変更されましたが、今でも使われています。

耐塩皿がいし　　　　　　　　　　　　　　　　　　　　　　（東京電力管内）

目立つ白ではなく、美化対策が施された茶色の耐塩皿がいし　　　（中部電力管内）

耐塩皿がいしが付いた木柱

一玉がいし

　玉がいしは、電柱を支える支線に付いている球体のがいしです。万が一、配電線から支線に電気が漏電してしまった場合に備えて付けられています。

　玉がいしの種類は、玉子のような形をしたものと、長方形の井形があります。

玉がいし

井形がいし

ワイヤーの両引き留め箇所に取り付けられる玉がいし

お宝 Myがいし コレクション

高圧ピンがいし
昭和27年製・メーカー不明

電圧3,300Vの支持で使われていたもの。

高圧耐張がいし
昭和35年・日本ガイシ製

高圧配電線の引き留め箇所で使われる高圧耐張がいしは、それまで使われていた高圧茶台がいし（引き留めがいし）に代わり、昭和35年頃に登場した。これは貴重なその頃のもの。

高圧ピンがいし
製造年不明・日本ガイシ製

高圧配電線の電圧が6,600Vに昇圧される前の3,300V時代の高圧ピンがいし。

初期の高圧ピンがいし
製造年不明・松風工業製

現在の高圧ピンがいしの原型と言えるもの。木柱や送電鉄塔の送電線でこのような形状をしたピンがいしを使用していたが、電柱の配電線でも、昭和初期には、このようなピンがいしを使用する傾向にあったようだ。

高圧曲<ruby>曲<rt>まがり</rt></ruby>ねじ込みがいし

玉がいし

高圧曲ねじ込みがいしは、昭和初期から20年代頃にかけて変圧器への引き下げ線を支持する目的で使われていた。ボルトが曲ねじ込み仕様になっているのは、腕木や木柱にねじ込むことができるようにするため。当時の変圧器への引き下げ線を支持する高圧がいしには、他に高圧枝がいしというものもあった。

昭和初期の玉がいしは、今のものより形がまんまるだった。これはその頃のもの。

がいし型開閉器

1956

3500V
30A

昭和初期から30年代にかけて使われていたもの。ダルマのように見えることから、別名ダルマスイッチとも呼ばれていた。昭和初期から20年代までは茶色のものが普及し、昭和30年代に入ると白色のものが普及していったが、白色については高圧カットアウトが登場する前の数年間しか使われていなかったため、現存数が極めて少ない。

▌開閉器

　高圧配電線には所々にスイッチが施設されています。これは開閉器と呼ばれ、カニのような形をしているのが特徴です。雷が落ちて断線した電線や、電線の張り替え工事などを行っている停止中の電線を、工事を行っていない電線から引き離す場合に開閉器が用いられます。また、配電用変電所で不具合が起きた際に用いられる連系用開閉器もあります。

　かつて油入開閉器というものがありましたが、落雷時に油の噴出事故があったため、最近は油を使わない真空開閉器と気中開閉器が主流です。

真空開閉器

開閉器にVS（Vacuum Switch）と書かれており、箱の中は真空になっている。

気中開閉器

開閉器にAS（Air Switch）と書かれており、箱の中は空気で満たされている。地方には箱を使わず、スイッチがむき出しのものもある。

─油入開閉器

　昭和初期から30年代前半頃までは、全国で油入開閉器が使われていました。現在は取り付け自体が禁じられ、製造もされていないようです。ただし、今でも古い鉱山などで稀に残されたものを見かけることがあります。

鉱山の廃電線路に残されていた油入開閉器

廃電力需要家内の油入開閉器

―開閉器の取り付け方法

　通常、電線が電柱に対して中央に寄っていれば、開閉器は中央寄りに取り付けられ、電線が片側へ寄っている場合は、片側へ寄せて取り付けられます。

　東京電力管内では通常、1本の電柱に対して1台の開閉器が取り付けられますが、これは電力会社ごとに異なります。中部電力や北海道電力では、1本の電柱に対して2台の開閉器を取り付けることもあります。

開閉器が右端に付いているもの

開閉器が2台付いているもの

一般的な取り付け方（手動式開閉器）
手動式の開閉器は、作業員が現地で紐を引っ張って開閉器を開閉操作する。

自動式開閉器
近年は、配電自動化システムを導入し、遠隔制御で開閉器の開閉操作を行う自動式開閉器が主流。

茨城県つくば市・筑波山山頂付近にあった予備開閉器
受電している本線が停電した際、予備線に切り替えて無線中継局に電力を供給するために取り付けられたもので、現在は撤去されている。

開閉器の常時開放（常時OFF）を示す電柱プレート
落雷などの事故により片方の高圧配電線が使えなくなった時にもう片方が使えるように、右左それぞれ別の電線が通っていて、開閉器のスイッチが常時OFF（相互間でつながっていない）であることを示している。

配電線の工事用ガス開閉器
（GS：Gas Switch）

▌避雷器

避雷器は、雷が落ちた際に加わる過電圧を逃す仕組みを持っています。別名アレスタ（Arrester）ともいい、「捕獲」を意味します。

配電用の避雷器は、ペレット避雷器、オートバルブ避雷器、ニューバルブ避雷器、弁抵抗型避雷器（ドライバルブ避雷器、レジストバルブ避雷器）などの種類があります。

昔は変圧器を施設する時に避雷器を取り付けることがありましたが、今は、がいしなどが耐雷化されたため、古くから残っているもの以外で見かけることはほとんどなくなりました。古いものでは、黄銅色のカバー付きのもの（黄銅色のカバーがあるものは塩害地域でよく見かけます）や、数は少ないですが、透明ガラスのものも一時期登場していたようです。

ニューバルブ避雷器

黄銅色カバー付きの避雷器

レアな透明ガラスの避雷器

▌限流ホーン

　避雷器や架空地線の次世代雷害対策として、限流ホーンというものが登場しています。雷多発地域（関東では群馬県、栃木県、埼玉県）で平成24年から取り付けが始まっています。限流ホーンには酸化亜鉛系の限流素子が内蔵されています。ギザギザの仕様とそうでないものの2種類があります。

種類は2種類

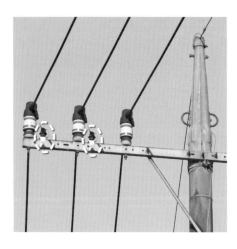

■引き留めクランプカバー

　高圧耐張がいしで引き留められる絶縁電線である高圧配電線は、引き留めクランプという金具で、絶縁の被覆を剥いで裸線で引き留められますが、そのままの状態では充電部(電気が流れている電線)がむき出し状態で危険なので、クランプカバーが被せられます。黒色のものが主流ですが、中部電力管内では目立ちにくいグレー色が使われています。形状の種類については、電力会社ごとに異なっています。

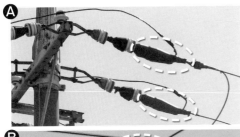

Ⓐ高圧配電線の引き留め箇所で
　使われる銅線用のクランプカバー

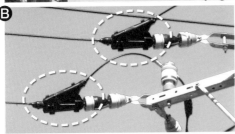

Ⓑ最近主流のアルミ線の引き留め
　箇所で見かけるアルミ線用の引
　き留めクランプカバー

（ⒶⒷ：東京電力管内）

これまで中部電力管内でも黒色
が多かったが(Ⓒ)、近年は目立
ちにくいグレーが主流(Ⓓ)

（ⒸⒹ：中部電力管内）

電柱の柱上設備 **115**

▌鳥避け

　ベランダに干した洗濯物や人に対して、鳥の落とし物被害が多くなったため、鳥が電柱や電線に止まらないように鳥避けが取り付けられています。

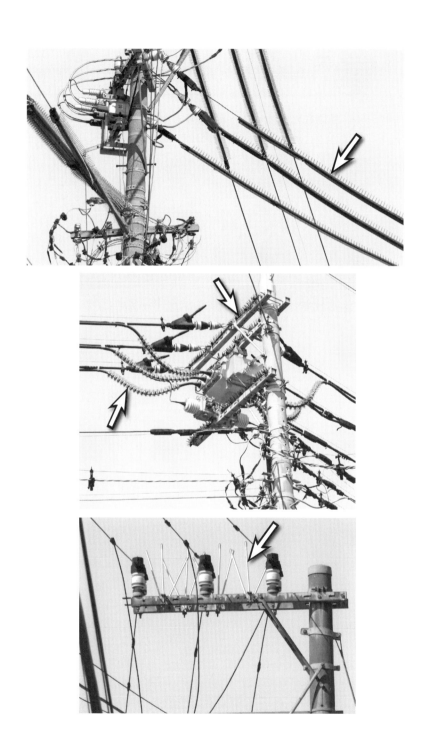

無電柱化エリア沿いの電柱

　近年、無電柱化が推進されており、特に東京都内では、中央環状線（首都高）の内側を中心に無電柱化が進んでいます。そんな中、従来のものとは違う電柱が出現しています。これにはいくつか種類があり、1つは、変圧器を1台載せた電柱を1本建てて、配電線を次の電柱へ張らないもの。もう1つは、2本電柱を建てて、短いスパンで配電線を終わらせるというもの。そしてもう1つは、歩道上に変圧器を備えた箱を置くものです。これには電線をまったく張らない、変圧器だけを備え付けた電柱もあります。

国道

　上の写真は、高圧配電線のみ1本の電柱だけで終わらせたものです。写真奥にある大通りが国道です。国道は無電柱化されていますが、国道を外れた写真手前の道は、無電柱化を行う範囲を外れているためか、高圧配電線のみを立ち上げて、低圧配電線と電話線のみ張るという構成になっています。通常、高圧配電線を立ち上げたその先も高圧配電線を続けて張りますが、ここでは1本の電柱で終わっています。

　右は上部設備を拡大したものです。次の電柱まで高圧配電線を張らないためか、ここでは通常の高圧耐張がいしは使わず、クランプがいしで高圧配電線を短く張って高圧配電線を終わらせています。

次に、変圧器を1台取り付けただけの電柱。

付近に歩道橋があり、歩道が狭く地上に変圧器を設置できなかったためか、配電線が張られていない変圧器を取り付けただけの電柱が立っています。

　無電柱化が行われている区間は、引き込み線は完全撤去されます。しかし、需要家の構内においては、無電柱化の対象外であるため、引き込んだ後の高圧配電線は残ることになります。

　上の写真は、無電柱化される前に電力会社の配電線から高圧引き込み線を引き込んでいた形跡がある電柱です。かつてジャンパー線を支持していたであろう、使われていないがいし類が残っています。

2本だけ電柱を建てて、配電線をワンスパンのみ張って終えている電柱。

歩道が狭く、ボックス型の変圧器を歩道上に設置できない場合は、変圧器を取り付けるための茶色い電柱を使い、配電線をまったく張らないものもあります。

無電柱化された通り沿いに立つ電柱

鉄柱セレクション

　鉄道や河川の横断箇所など強度が必要な場所では、鉄製の電柱「鉄柱（てっちゅう）」が使われることがあります（最近は橋と一緒に電線類も横断させることが増えているため減少傾向）。昭和初期に、鉄柱が普及したことが一時期あったようですが、現在は、関西電力と東北電力、中国電力、東京電力管内くらいでしか見かけません。

鉄道の横断箇所に立つ東北電力管内の鉄柱（2019年撮影／宮城県）

柱の基礎はコンクリート柱より
頑丈に補強

上下：神奈川県小田原市・狩川の河川横断箇所の東京電力管内の鉄柱（2018年撮影）

街中にある電柱は、基本的にコンクリート製のものが使われていますが、昭和初期に三角柱の鉄柱が流行り、市街地でも鉄柱がたくさん建てられたようです。

兵庫県神戸市内（関西電力管内）の鉄柱　ここでは鉄製の四角柱を見ることができる（2015年撮影）

山崎線の送電柱

山崎線の終点箇所の鉄製送電柱

これは配電柱ではなく送電柱ですが、珍しいのでご紹介します。

　神奈川県の箱根湯本に山崎線という小さな送電線があります。山崎線の終点箇所には鉄製の柱が使われており（左ページ写真）、普通の高圧ピンがいしに耐塩皿を追加した仕様の耐塩皿がいしを使っています。

　山崎線では、耐塩皿がいしを使用した送電柱が目立っています。海に近いエリアであることから、がいしの耐用年数を延ばすことと、長期無保守を目的としているためではないかと思います。

耐塩皿がいしが使われているパンザーマスト製の送電柱

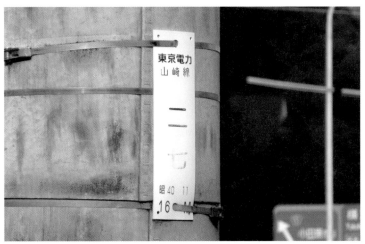

昭和40年11月建柱、高さは16mと表示されたプレート

電柱のある暮らし

新旧交代 工事中

銅の電線(右)からアルミの電線(左)へ

工事中の上部開閉器交差の電柱

左の古い電柱がまだ残っているので、新旧の電柱が腕金で固定されている

新しい電柱に交換した後のもの（左の黄色い柱が古い電柱）

景観に配慮した都市型電柱（2017年撮影）

電気の使用状況を調整する分岐リアクトル
装置を取り付けた電柱（2018年撮影）

商店街に立つ、大きく曲がった緑色の鋼管柱（2017年撮影/神奈川県）

狭い路地に電柱２本を建てることができず、曲がった電柱を採用?!

千葉県木更津市・金田海岸の海中電柱。ホテル三日月の裏手あたり。現在は撤去されている
（2011年撮影）

腕金が光輝く構内用配電線の電柱（2008年撮影/埼玉県秩父市）

ロープウェイから眺める電柱（2013年撮影/静岡県葛城山）

道路沿いに乱立する大量の電柱（2010年撮影/千葉県我孫子市）

富士山と引き留め木柱（2020年撮影／神奈川県）

菜の花と木柱（2020年撮影／神奈川県）

茶色の耐塩皿がいしと茶色の高圧耐張がいしが使われている電柱（2019年撮影/静岡県）

グレーのクランプカバー（2008年撮影/長野県）

現役の電柱

廃電柱

神奈川県小田原市石橋地区のかつて農村集落で使われていたと思われる廃電柱（2015年撮影）

東京都奥多摩町・日原林道に残された高圧ピンがいし
（2016年撮影）

使われなくなったアンテナが掛
けられた廃電柱（2008年撮影）

富岡製糸場の年代物の廃電柱＆受電設備（2016年撮影）

埼玉県・日窒鉱山の廃電柱（2010年撮影）

草木に覆われた、物悲しい廃電柱（2018年撮影/群馬県）

いろいろな形の腕金（アーム）

四国電力管内

沖縄電力管内

電柱を楽しむ

電柱の見分け方、教えます

　電力会社が管理している電柱と、通信会社が管理している電信柱には必ず電柱番号札（プレート）が取り付けられています。電柱の、地面から３ｍくらい上に打ち付けられているプレートには、電柱の番号、建てられた年月、高さなどが書かれています。電気工作物規程で、プレートには持ち主の会社名、電柱の番号、電柱が建てられた年月を記載しなくてはならないことになっていますが、最近はすべて書かれているものは少なくなっています。

　写真の上の方にあるのが通信会社が管理している電信柱のプレートで、その下にあるのが電力会社が管理している電力柱のプレートです。現在、電力会社が管理する配電線と、通信会社が管理している電信線が共架されているのが一般的なので、１本の電柱で電力会社と通信会社の２つのプレートを見ることができるようになっています。

通信会社のプレート

電力会社のプレート

では、実際にプレートを見ていきましょう。

　東京電力管内の電柱は、地域ごとにプレートの種類が異なります。電柱を建てた年を記載したり、しなかったり様々です。

●東京電力管内のプレート

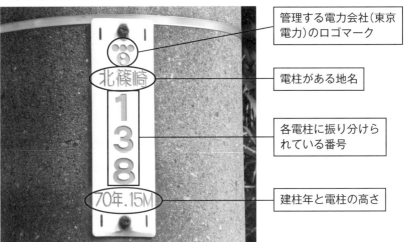

管理する電力会社（東京電力）のロゴマーク

電柱がある地名

各電柱に振り分けられている番号

建柱年と電柱の高さ

電柱を建てた年（建柱年）が記載されているプレート（東京都江戸川区で撮影）。江戸川区の北篠崎地区にある電柱で、地区内で振り分けられている電柱番号は138号、電柱を建てた年は1970年、電柱の高さは15m。

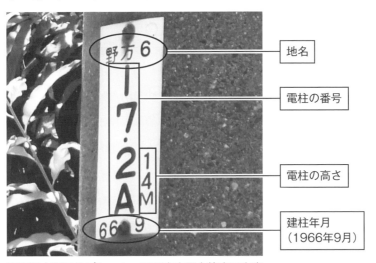

地名

電柱の番号

電柱の高さ

建柱年月（1966年9月）

東京都中野区のプレート。同じ東京電力管内でも書き方は随分違っている。

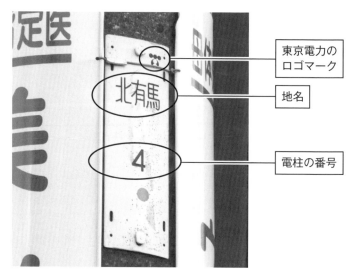

東京電力の
ロゴマーク

地名

電柱の番号

神奈川県横浜市や大和市では、電力会社のロゴ、地名と番号がある
のみで、建柱年は記載されていない。地名については、記載されて
いるが昔の地名のためか、現在の住所を調べても不明のものもある。
電柱を建てる時に存在していた地名が使われなくなったことが影響
しているのだろうか。

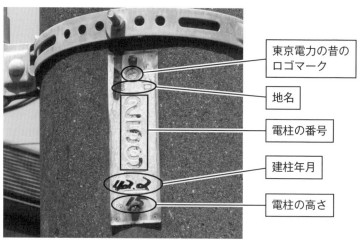

東京電力の昔の
ロゴマーク

地名

電柱の番号

建柱年月

電柱の高さ

旧式プレートは、一部手書きのものもある（これ
は千葉県で撮影）。会社のロゴマークは昔のもの。
電柱を建てた年月と電柱の高さが手書きで加え
られている。

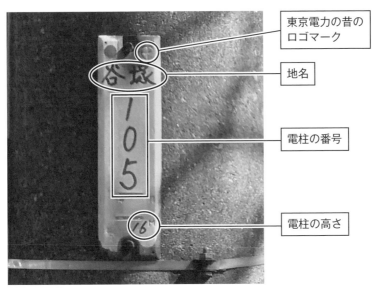

東京電力の昔の
ロゴマーク

地名

電柱の番号

電柱の高さ

こちらも古いものだが、左下の千葉県のものと比較すると、番号や会社のロゴマークの位置などが異なっている。プレートを製造しているメーカーによって仕様が若干違うようだ。

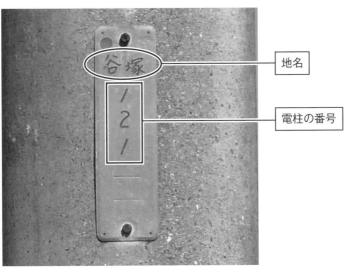

地名

電柱の番号

地域によっては、あらかじめ番号や地名などが印字されている白地のプレートを使わず、グレー色のプレートを使って手書きで記載することもある。

●北海道電力管内のプレート

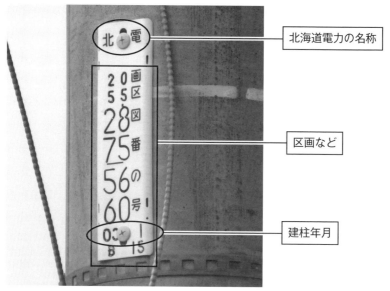

北海道電力の名称

区画など

建柱年月

区画などの詳細も詳しく書かれている。

●東北電力管内のプレート

東北電力の
ロゴマーク

配電線路名

電柱の番号

東北電力管内では、地名ではなく配電線路名を明記する傾向にあるようだ。写真のプレートは、駅が近くにあるからか、駅名が配電線路名として明記されている。その下にあるのは各電柱に割り当てられている番号で、33号の柱から西へ分岐し、分岐点から6本目の電柱という意味合いなのだろう。

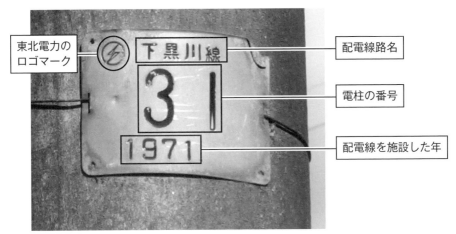

東北電力の ロゴマーク	配電線路名
	電柱の番号
	配電線を施設した年

おそらく配電線を施設した時期だと思うが、年が印字された
ものもある。

●中部電力管内のプレート

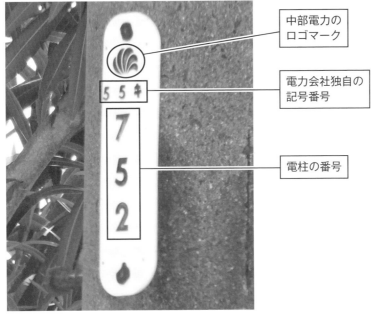

中部電力の ロゴマーク	
電力会社独自の 記号番号	
電柱の番号	

地名は特に明記されていないものが多い。

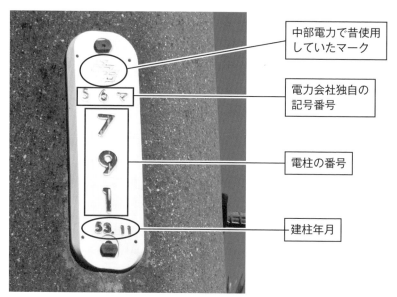

中部電力で昔使用
していたマーク

電力会社独自の
記号番号

電柱の番号

建柱年月

黄色っぽい古いプレートもかなり見かける。

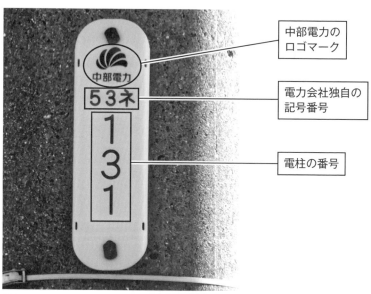

中部電力の
ロゴマーク

電力会社独自の
記号番号

電柱の番号

比較的最近多く見かけるプレート。電柱を建て
た年月の印字は、最近は省略傾向にあるようだ。

●関西電力管内のプレート

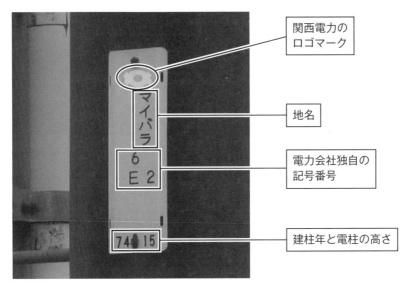

関西電力の
ロゴマーク

地名

電力会社独自の
記号番号

建柱年と電柱の高さ

一番上に会社のロゴマーク、2番目に地名、その下に電力会社独自の番号、一番下に電柱を建てた年と電柱の高さが印字されている。

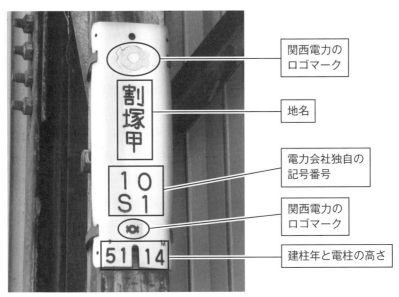

関西電力の
ロゴマーク

地名

電力会社独自の
記号番号

関西電力の
ロゴマーク

建柱年と電柱の高さ

古い鉄柱に付けられているプレート。

●四国電力管内のプレート

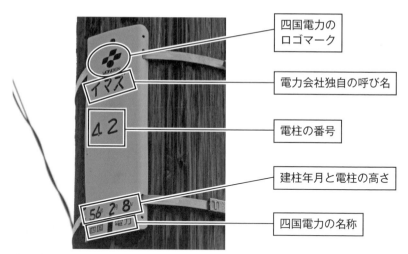

四国電力の
ロゴマーク

電力会社独自の呼び名

電柱の番号

建柱年月と電柱の高さ

四国電力の名称

古い木柱に付けられていたプレート。

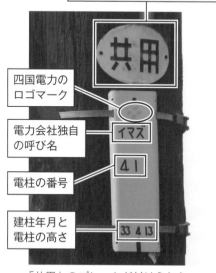

配電線と通信線を共用していることを示す古いプレート

四国電力の
ロゴマーク

電力会社独自
の呼び名

電柱の番号

建柱年月と
電柱の高さ

「共用」のプレートが付けられた
木柱。

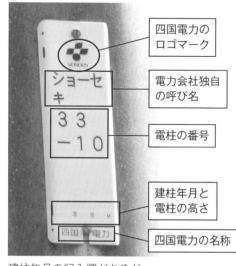

四国電力の
ロゴマーク

電力会社独自
の呼び名

電柱の番号

建柱年月と
電柱の高さ

四国電力の名称

建柱年月の記入欄があるが、
記入されていないプレート。

―電力会社を見分ける

　私は、電柱の柱上設備を見ただけで持ち主（電力会社）が分かります。がいしや腕金の種類、長さなど全体の形状や様相などで判別しています。

　以下に、いくつか例を挙げます。

東京電力

東京電力の電柱の基本的な特徴（基本形）は、高圧配電線の引き通しに、黒色と白色を組み合わせたクランプがいしが使われていること。
変圧器への高圧引き下げ線を付ける場合は、T字型のトンボ腕金などを使います。

中部電力

中部電力の電柱の基本的な特徴は、高圧配電線の引き通しに白色の10号中実がいしが使われていること。変圧器の取り付け方は、直接柱に取り付けるか、ハンガー吊りで固定します。

関西電力

関西電力の電柱の基本的な特徴
は、高圧配電線の引き通しに高圧
ピンがいしを使うこと（この高圧
ピンがいしは、昭和40年代によ
く使われていました）。

変圧器への高圧引き下げ線を引き
下げる場合、くの字型の腕金を使
いますが、最近では、くの字型で
なく直線仕様の腕金を使う傾向に
あります。

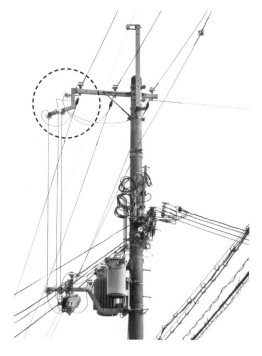

東北電力

東北電力の電柱の基本的な特徴は、高圧配電線の引き通しに高圧中実ピンがいしを
使っていること。腕金の形状は十字型が主流です。

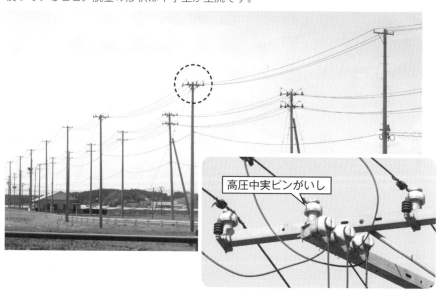

高圧中実ピンがいし

―インターネットで電柱を探す

　以前は、繁華街や遊園地などへ出掛けた際、通りすがりに電柱を見ていましたが、平成22年頃からはGoogleストリートビューを使って、変わった格好の電柱や珍しいタイプの電柱を探すようになりました。

　まずは、都道や国道沿いといった主要道路を中心に昭和40年前後からありそうな古いタイプの電柱の探索を始め、その後は木製の電柱を探すようになりました。昔から建っている団地や住宅などを辿っていくと、古い設備を装着した昭和の電柱を見つけることができます。そして、Googleマップ上に、自分が見つけた電柱をマッピングし、記録保存しています。

　ストリートビューによる電柱探しで特に印象に残っているのは、神奈川県横浜市の相鉄線沿線の古いハンガー装柱です。古くからある住宅街では古い電柱が数多く現存していました。

　最近は、他の電柱マニアから情報提供があったり、Twitterなどで寄せられたコメントを手掛かりに探すこともあります。

　なお、ストリートビューを使えば、写真の隅に写っている電柱からその場所を特定することもできるので、SNSなどで写真をアップする際には個人情報が漏れないように、ご注意ください。

ストリートビューで見つけた懐かしのハンガー装柱
（横浜市）

注）本書に掲載している電柱の中には、撮影後に撤去され今は見られないものもあります。電柱を見るために他人の敷地内に無断で入ったり、電柱に上ったりすることは絶対にしないでください。

紙製電柱 作製中〜

現在500本
あります

自宅2部屋を
占領しています…

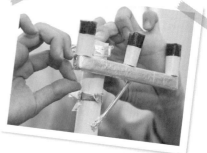

置けなくなっ
た模型は、壁
に画鋲を差し
込んで、糸で
吊るすことも
あります

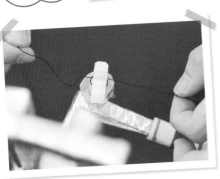

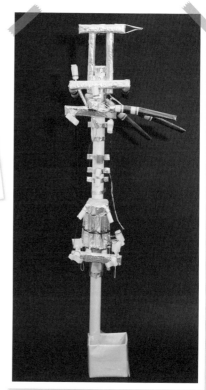

実際にある電柱をもとに自分好みのパーツを加えて、紙とアルミホイルなどを使って紙製の電柱を作製しています。

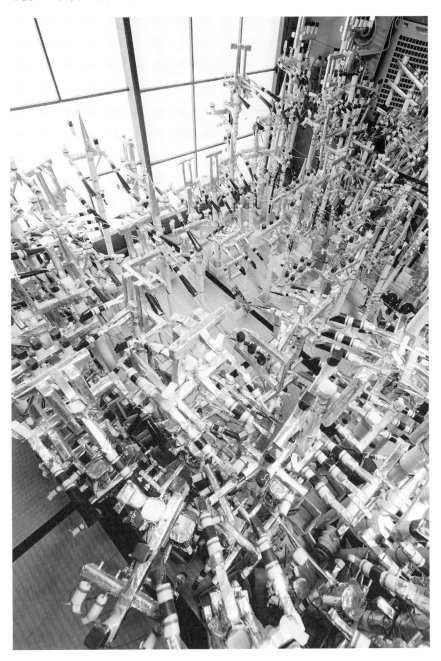

電柱巡りの必需品

◆地図

　私は撮影したい電柱をGoogleマップでマッピングしています。今はスマートフォンを使う方が多いと思いますが、スマホでマッピングするのはあまりお勧めしません。例えば、古い電柱は★、ユニークな形の電柱は🚩といったように印を付ける際に、パソコンの方が使える記号が多く、色の付け替えができるからです。私は、事前にパソコンでマッピングしておいたGoogleマップ上の記号をスマホで確認しながら電柱巡りをしています。

　電柱は街中にあることが多いので、歩きスマホはせず、地図を確認する際は必ず立ち止まって行いましょう。

◆デジタルカメラ

　スマホではなく、デジタルカメラでの撮影を基本にしています。まずは電柱の全体像を撮影し、次に高圧・低圧配電線、そして各設備、最後に高圧配電線のアップを撮影します。建柱年を確認するために、電柱プレート（番号札）も収めます。

　解像度を優先するのであれば、一眼レフカメラの方がよいのでしょうが、大きいカメラは持ち運びが不便ですし、街中での撮影は不審者に間違われることもあるので、シャッター音が出ないように設定できるコンパクトなデジカメでの撮影がお勧めです。

参考文献

- 電力流通設備管理、電気事業講座編集委員会編、第12巻、昭和43年12月、電力新報社
- 弘山尚直：「水力発電」第76、昭和14年8月、岩波書店
- 配電法、電気工学講習会、昭和6年4月20日、電氣教育研究舍
- 電気学会通信教育会「送配電工学」第9版、昭和60年、電気学会、オーム社
- 架空電線路建設要則、大正14年4月4日、電氣協会
- 「最新配電」第9版、昭和37年8月15日、東京電機大学
- 国土交通省：令和2年度 第1回 無電柱化推進のあり方検討委員会配付資料「無電柱化の推進に関する取組状況」令和2年6月

■著者

須賀 亮行(すが かつゆき)

1992年11月10日(無電柱化の日)、東京都生まれ。工業大学の工学部電気電子工学科を卒業した後、電気工事会社に就職。現在は他業種勤務。

■協力

資料提供など

- 東京電力パワーグリッド(株)
- 東京電力ホールディングス(株) 電気の史料館
- 中部電力(株) でんきの科学館
- 日本コンクリート工業(株)
- (株)さいでん
- 日本ガイシ(株)
- エナジーサポート(株)

写真撮影(表紙カバー、がいしコレクション、紙製電柱)：椋尾 詩(ムクオウタ写真事務所)
校正：山田 陽子

電柱マニア

| 2020 年 9 月 17 日 | 第 1 版第 1 刷発行 |
| 2021 年 5 月 10 日 | 第 1 版第 4 刷発行 |

編　者	オ ー ム 社
著　者	須 賀 亮 行
発 行 者	村 上 和 夫
発 行 所	株式会社 オ ー ム 社

郵便番号　101-8460
東京都千代田区神田錦町 3-1
電話　03(3233)0641(代表)
URL https://www.ohmsha.co.jp/

© オーム社・須賀亮行 2020

組版　アーク印刷　　印刷・製本　壮光舎印刷
ISBN978-4-274-22600-7　Printed in Japan

本書の感想募集　https://www.ohmsha.co.jp/kansou/

本書をお読みになった感想を上記サイトまでお寄せください。
お寄せいただいた方には、抽選でプレゼントを差し上げます。